3-4歲

幼兒全方位智能開發

數學篇 **數字1-20**

園丁文化

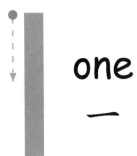

one
一

● 請圈出有 1 個氣球的小丑。

1. 　　2. 　　3.

● 齊來寫一寫。

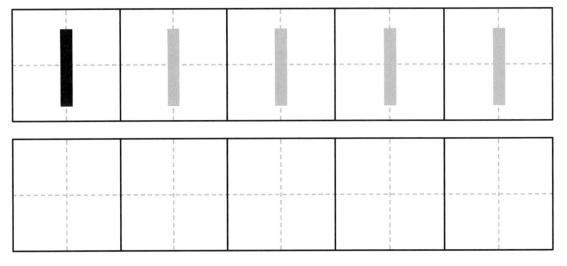

● 田裏種了 2 根紅蘿蔔，請補畫足夠數量的紅蘿蔔。

● 齊來寫一寫。✏️

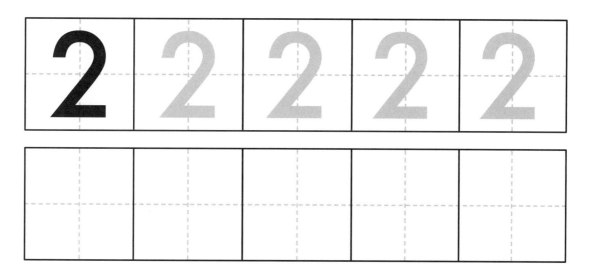

3

three
三

● 請圈出 3 條金魚。

● 齊來寫一寫。

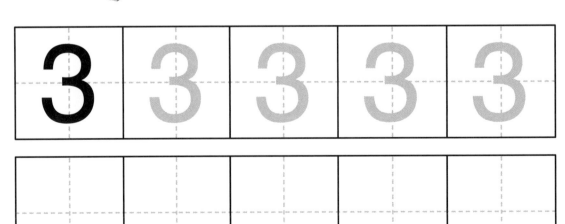

● 請圈出有 4 朵花的盆栽。

1.  2.  3.

● 齊來寫一寫。

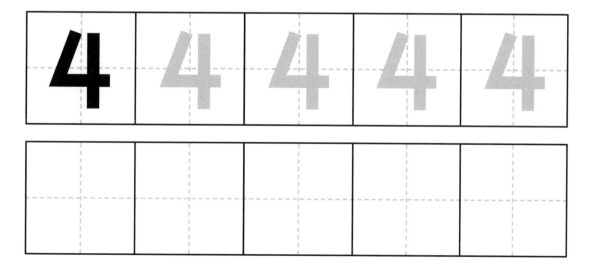

認識數字 5　●●●●●

5 five 五

● 桌上放了 5 個蘋果，請補畫足夠數量的蘋果。

● 齊來寫一寫。✏️

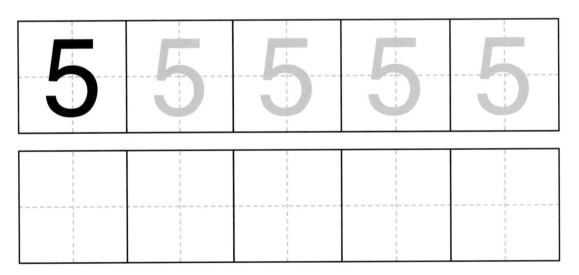

5 5 5 5 5

學習數數 1 至 5

請依照以下的指示，把下圖填上正確的顏色，然後看看有什麼圖案出現吧。

1: 　　　　3: 　　　　5:
2: 　　　　4:

答案：

温習數數 1 至 5

● 請把數字和正確數量的玩具用線連起來。

1.  4 ●

A.  ●

2. 1 ●

B.  ●

3. 2 ●

C.  ●

4. 3 ●

D. 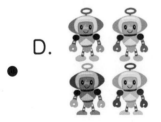 ●

5. 5 ●

E.  ●

答案：1.D　2.A　3.E　4.C　5.B

認識數字 6 ●●●●●● ●

six
六

● 請圈出有 6 粒糖的袋子。

1.　　　2.　　　3.

● 齊來寫一寫。 ✏️

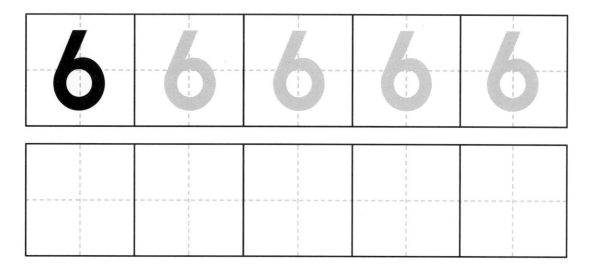

 seven
七

● 請圈出有 7 塊餅乾的碟子。

1. 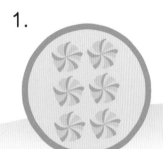　　2. 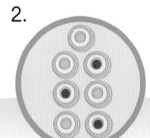　　3.

● 齊來寫一寫。

7	7	7	7	7

答案：2

認識數字 8 ●●●●● ●●●

 eight

八

● 請圈出 8 條裙子。

● 齊來寫一寫。

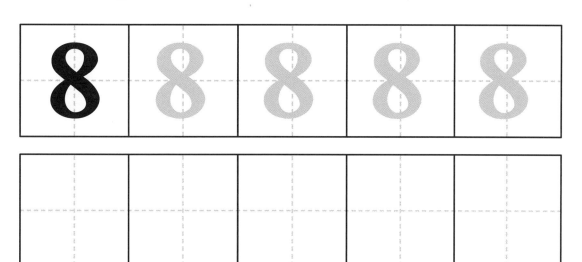

11

認識數字 9 ●●●●● ●●●●

nine
九

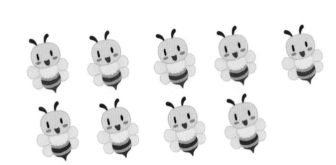

● 請圈出 9 隻蝴蝶。

● 齊來寫一寫。

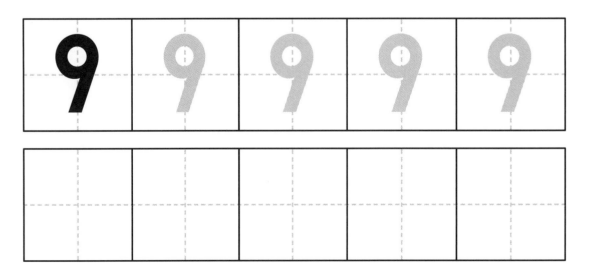

ten

十

● 小美收集了 10 個心形貼紙，請在貼紙簿補畫足夠數量的貼紙。

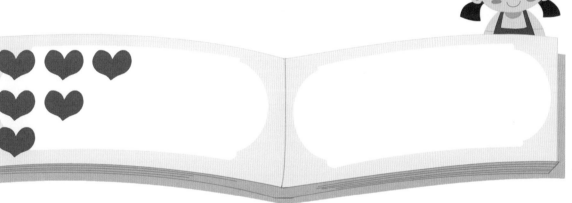

● 齊來寫一寫。

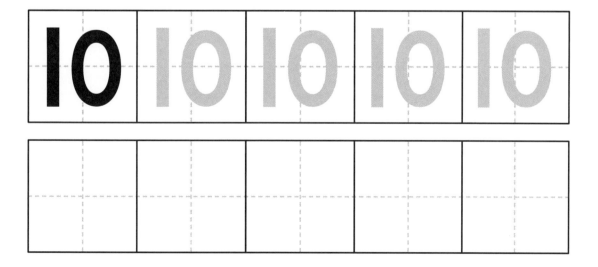

學習數數 6 至 10

● 學校舉行聯歡會，老師準備了很多小食。請根據食物清單，把聯歡會所需的小食圈起來。

食物清單：

6 包　　9 件　　7 個　　10 粒　　8 包

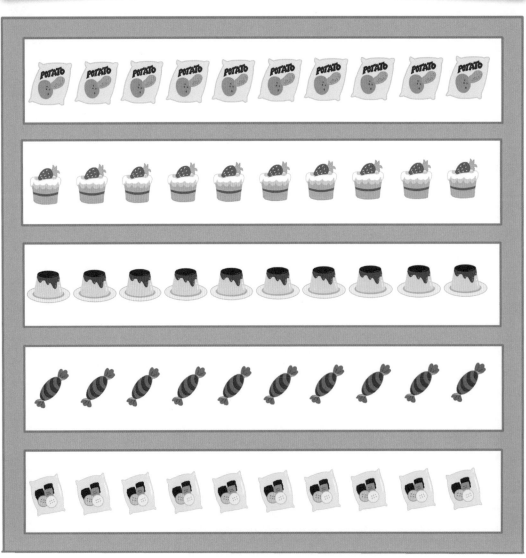

● 請把數字和正確數量的文具用線連起來。

1.  ●

A.

2.  ●

B.

3.  ●

C.

4.  ●

D.

5. ●

E.

温習數數 6 至 10

小兔要去找媽媽。請依 1 至 10 的順序把數字用線連起來，幫小兔找出正確的路線吧。

1	7	5	6	1
2	3	4	7	9
4	3	10	8	8
6	7	5	9	10

答案：

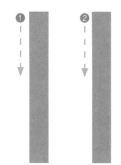 eleven 十一

● 箱子裏放了 11 枚金幣，請補畫足夠數量的金幣。

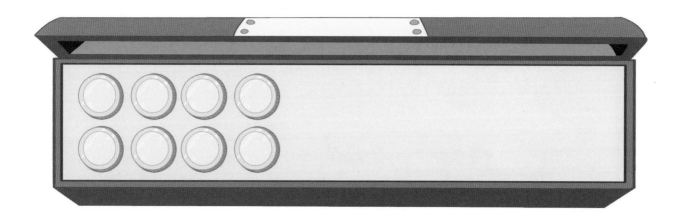

● 齊來寫一寫。

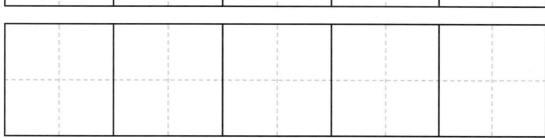

twelve
十二

● 請圈出 12 個貝殼。

● 齊來寫一寫。 ✏️

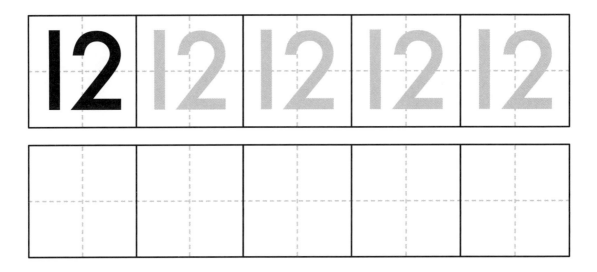

thirteen
十三

● 請圈出 13 顆星星。

● 齊來寫一寫。

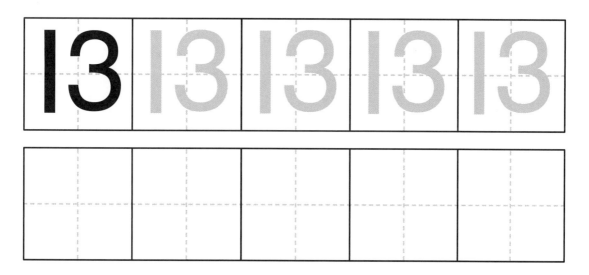

fourteen
十四

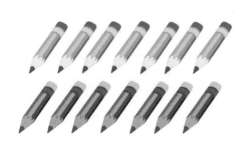

● 書架上放了 14 本書，請補畫足夠數量的書。

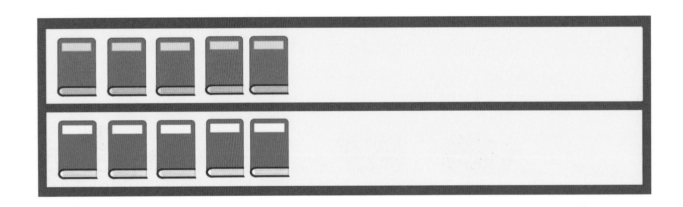

● 齊來寫一寫。

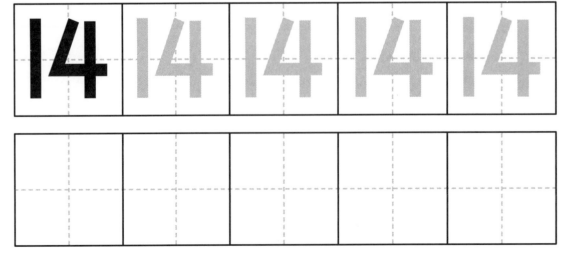

做得好！ 不錯啊！ 仍需加油！

fifteen
十五

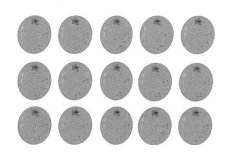

● 請圈出有 15 個士多啤梨的袋子。

1.

2.

3.

● 齊來寫一寫。

答案：3

學習數數 11 至 15

● 請把數字和正確數量的水果用線連起來。

1.  ●　　　　　　　● A.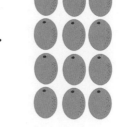

2.  ●　　　　　　　● B.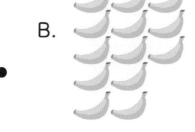

3.  ●　　　　　　　● C.

4.  ●　　　　　　　● D.

5.  ●　　　　　　　● E.

溫習數數 11 至 15

● 數一數，每種蔬菜有多少？請把正確的答案填在 ☐ 內。

1.

2.

3.

4.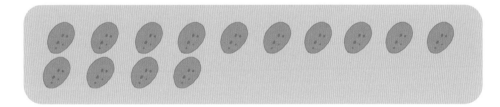

5.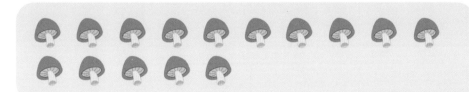

做得好！ 不錯啊！ 仍需加油！

sixteen

十六

● 請圈出 16 個交通雪糕筒。

● 齊來寫一寫。

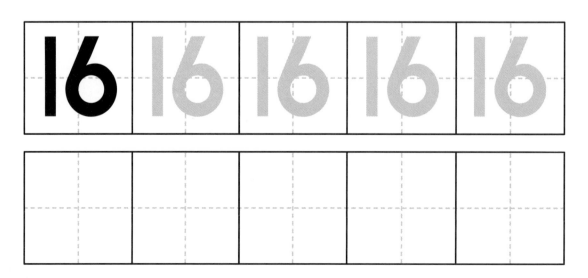

24

seventeen

十七

● 請圈出 17 塊積木。

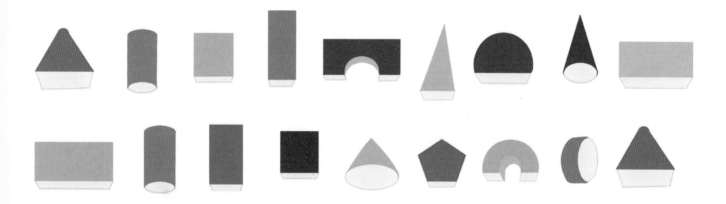

● 齊來寫一寫。

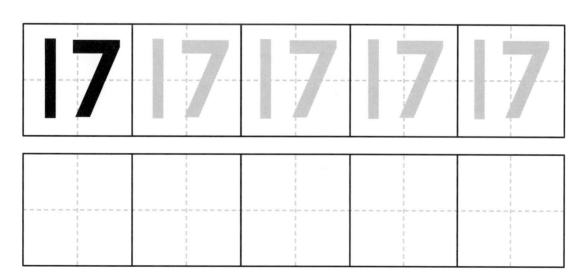

eighteen

十八

● 繩子上掛了 18 面旗子，請補畫足夠數量的旗子。

● 齊來寫一寫。

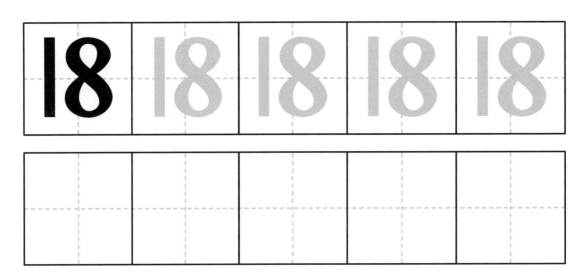

做得好！ 不錯啊！ 仍需加油！

nineteen
十九

● 請圈出有 19 粒朱古力的禮盒。

1.

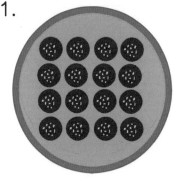

2.

3.

● 齊來寫一寫。

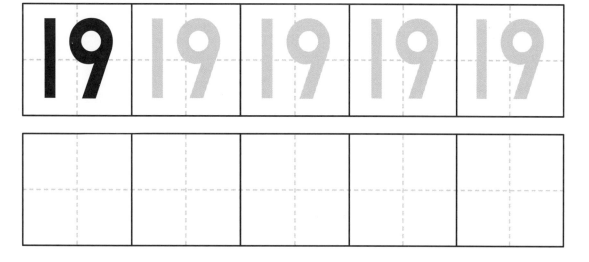

答案：2

27

做得好！　不錯啊！　仍需加油！

twenty
二十

● 請圈出有 20 枝蠟筆的盒子。

1.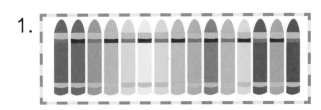

2.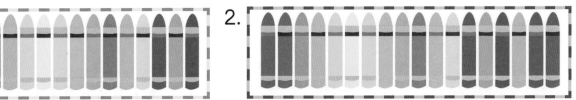

3.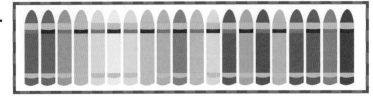

● 齊來寫一寫。

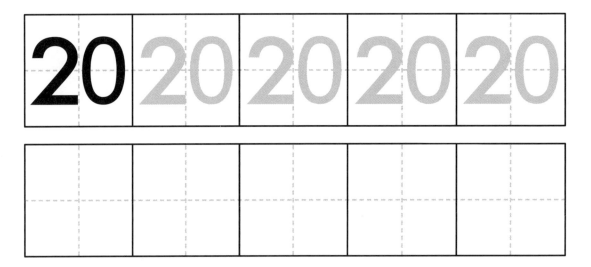

答案：3

温習數字 16 至 20

● 請照以下的指示，把下圖填上正確的顏色，看看出現了什麼。

16 ：
17 ：
18 ：
19 ：
20 ：

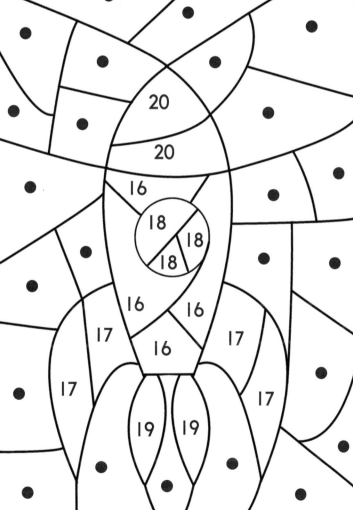

● 請把數字和正確數量的餐具用線連起來。

1.  ●   ● A.

2.  ●   ● B.

3.  ●   ● C.

4.  ●   ● D.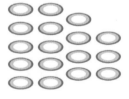

5.  ●   ● E.

● 小麗要到學校去。請依 11 至 20 的順序把數字用線連起來，幫她找出正確的路線吧。

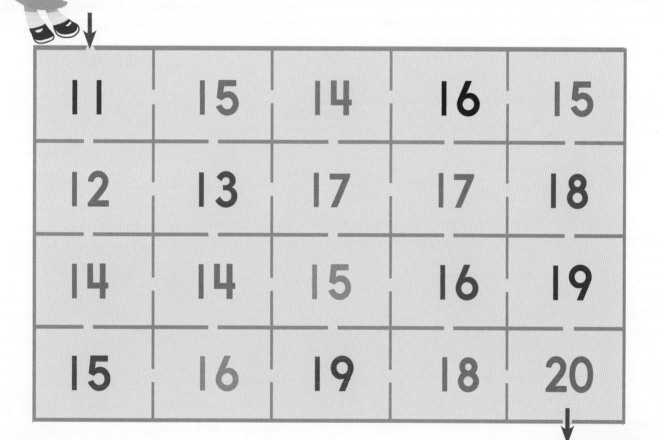

11	15	14	16	15
12	13	17	17	18
14	14	15	16	19
15	16	19	18	20

答案：

學習數的順序 1 至 20

● 請依 1 至 20 的順序把數字用線連起來，看看出現了什麼。

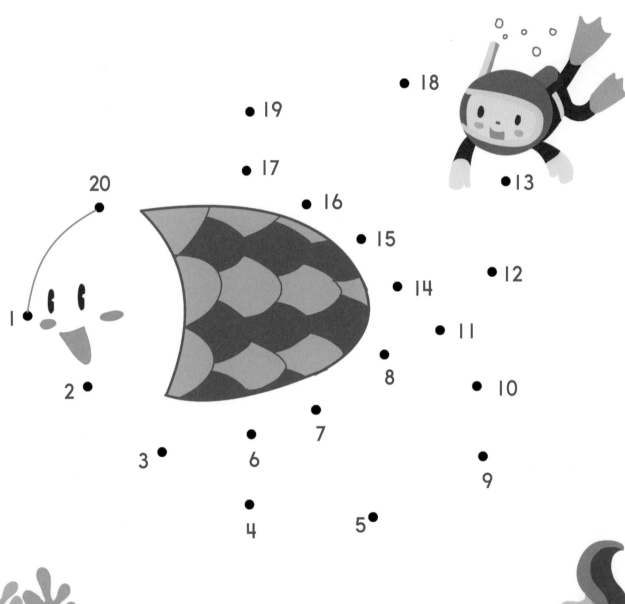

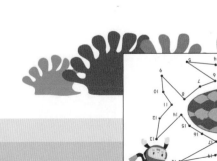

答案：